Tamer Ramadan

Potencial da melatonina na manipulação da sazonalidade reprodutiva em cabras

Tamer Ramadan

Potencial da melatonina na manipulação da sazonalidade reprodutiva em cabras

ScienciaScripts

Imprint
Any brand names and product names mentioned in this book are subject to trademark, brand or patent protection and are trademarks or registered trademarks of their respective holders. The use of brand names, product names, common names, trade names, product descriptions etc. even without a particular marking in this work is in no way to be construed to mean that such names may be regarded as unrestricted in respect of trademark and brand protection legislation and could thus be used by anyone.

Cover image: www.ingimage.com

This book is a translation from the original published under ISBN 978-620-2-05645-8.

Publisher:
Sciencia Scripts
is a trademark of
Dodo Books Indian Ocean Ltd. and OmniScriptum S.R.L publishing group

120 High Road, East Finchley, London, N2 9ED, United Kingdom
Str. Armeneasca 28/1, office 1, Chisinau MD-2012, Republic of Moldova, Europe
Printed at: see last page
ISBN: 978-620-7-96446-8

Índice:

Potencial da melatonina na manipulação da sazonalidade reprodutiva em cabras

Marwan Y. EL-Mokadem[a] , Adel N. M. Nour El-Din[b] , Tamer A. Ramadan[a,*] , Amr M. Rashad[b] , Taha A. Taha[b] , Mamdouh A. Samak[b]

[a] Instituto de Investigação da Produção Animal, Centro de Investigação Agrícola, 4 Nadi El- Said, 12311 Dokki, Giza, Egito

[b] Departamento de Produção Animal, Faculdade de Agricultura (El-Shatby), Universidade de Alexandria, Alexandria 22545, Egito[1]

---

[1] * Autor correspondente. Tel: +201114022381; fax: +2035916223.

Correio eletrónico address:tamereweda1174@Yahoo.com (T.A. Ramadan).

Marwan EL-Mokadem
Adel Nour El-Din Tamer
Ramadan
Amr Rashad Taha
Taha Mamdouh
Samak

Potencial da melatonina na manipulação da sazonalidade reprodutiva em cabras

RESUMO

O objetivo deste estudo foi comparar a eficácia dos tratamentos hormonais sobre a atividade ovárica e o desempenho reprodutivo de coelhas Anglo-Nubianas em anestro durante a época não reprodutiva (fevereiro a maio). Um total de quarenta e oito fêmeas multíparas foram divididas em dois grupos, vinte e quatro lactantes e vinte e quatro secas. Em cada grupo, os animais foram distribuídos aleatoriamente em dois subgrupos iguais (12 coelhas cada). No primeiro subgrupo, as coelhas receberam um implante único de melatonina de 18 mg durante 42 dias, seguido de um dispositivo de libertação interna controlada de fármaco (CIDR) durante 19 dias, juntamente com 500 UI de gonadotrofina equina crónica (eCG) por via intramuscular no dia da remoção do CIDR. O segundo subgrupo recebeu CIDR combinado com eCG em paralelo com o primeiro subgrupo. A implantação de melatonina induziu um efeito luteotrófico expresso no aumento do número de corpos lúteos e da concentração sérica de progesterona e na redução da concentração de estradiol. Independentemente do tratamento, as fêmeas secas apresentaram maior valor de concentração de progesterona. Com o avançar do dia do tratamento, os números de folículos totais, folículos pequenos e folículos médios tenderam a aumentar, registando os valores mais elevados no dia da inserção do CIDR. Além disso, no dia do acasalamento, o número de folículos grandes registou o valor mais elevado, o qual foi associado ao valor mais baixo do número de corpos lúteos. No dia do acasalamento, a concentração sérica de progesterona atingiu o valor mais baixo, que aumentou até ao dia 56 da gravidez. O rácio estradiol: progesterona mostrou a tendência oposta. O efeito prejudicial da sazonalidade reprodutiva, expresso na cessação do comportamento do cio e no acasalamento fértil durante a época não reprodutiva, foi atenuado com sucesso pelo protocolo CIDR-eCG. Além disso, a implantação de melatonina em conjunto com o protocolo CIDR-eCG aumentou a taxa de conceção e a fecundidade no dia 28 da gravidez, e a prolificidade no dia 56 da gravidez em comparação com as coelhas não implantadas. É interessante notar que as coelhas que não conseguiram conceber não voltaram a entrar no cio. Em conclusão, o efeito benéfico da implantação de melatonina em conjunto com o protocolo CIDR-eCG no efeito luteotrófico reflectiu-se no aumento do número de corpos lúteos e da concentração de progesterona e na redução da concentração de estradiol. Além disso, a taxa de conceção, a prolificidade e a fecundidade foram melhoradas em comparação com as coelhas não implantadas durante a época não reprodutiva.

Capítulo 1

I. INTRODUÇÃO

Nos pequenos ruminantes, a indução de ciclos estrais "fora de época" pode ser praticada, permitindo a reprodução na primavera e, por conseguinte, a parição/parição no outono, resultando na produção de leite e de borregos/bezerros para os mercados de inverno. Vários métodos de controlo da reprodução dos pequenos ruminantes envolvem a manipulação da luz ambiental (aumento do número de horas de luz por dia) [1]. Alguns outros baseiam-se na administração de hormonas exógenas que modificam a cadeia fisiológica de eventos envolvidos no ciclo sexual (métodos farmacológicos) e, em última análise, modificam a fase lútea do ciclo (progesterona/progestagénio e prostaglandinas) ou o padrão anual de reprodução (melatonina). A sincronização do estro permite controlar e abreviar a parição e a parição, com a sincronização do desmame e a uniformização dos lotes de animais para abate; permite também uma utilização mais eficiente da mão de obra e das instalações para animais. Uma gestão adequada da reprodução permite que as ovelhas e as coelhas se reproduzam na primavera para aumentar a oferta de produtos no mercado durante todo o ano. É possível o controlo farmacêutico da reprodução, geralmente através da administração de hormonas relacionadas com o ciclo natural do estro, como a progesterona e/ou a melatonina [2].

A sazonalidade reprodutiva é observada em todas as raças de cabras de clima temperado [3] e em algumas raças locais adaptadas ou originárias de latitudes subtropicais [4]. As cabras alternam anualmente entre duas estações distintas: a estação sexual, caracterizada por uma sucessão regular de atividade estral e ovulação a cada 21-22 dias, e uma estação de anestro, caracterizada pela ausência total de atividade sexual. Na maioria das raças de caprinos, a época de reprodução ocorre no outono/inverno e o período de anestro na primavera/verão. No entanto, existe uma grande variabilidade entre raças e dentro de cada raça no que respeita ao momento e à duração do ciclo reprodutivo sazonal, consoante a origem geográfica. Por exemplo, em

França (46°N), a frequência de ovulação nas cabras leiteiras alpinas varia de 0% entre março e setembro a 100% entre outubro e janeiro, reflectindo um longo período de anoestro [3]. Na Austrália (39°S), as cabras de Caxemira têm um curto período de atividade ovulatória no outono e no inverno (abril a agosto) [5]. Nas cabras crioulas subtropicais da Argentina (a 30°S), a época de reprodução estende-se de fevereiro/março a setembro, enquanto o anoestro ocorre durante os meses de outubro a janeiro [6]. Nas cabras adaptadas às condições subtropicais do norte do México (a 26°N), a época de reprodução vai de setembro a fevereiro e a época do anoestro de março a agosto, com algumas cabras a terem uma ou duas ovulações isoladas em junho ou julho [4]. Noutras cabras originárias de ambientes tropicais e subtropicais, a sazonalidade reprodutiva é menos marcada e algumas raças locais têm apenas um curto período de anestro ou reproduzem-se durante todo o ano [7]. Na África do Sul, as cabras Boer têm cio durante todo o ano, com a percentagem mais elevada de cio no outono [8]. No Egito (31° N), o desempenho reprodutivo é completamente abolido de dezembro a maio (estações do inverno e da primavera), enquanto que o desempenho reprodutivo mais elevado é alcançado de junho a novembro (estações do verão e do outono) nas cabras Damascus e Baladi [9].

As cabras ovulam espontaneamente e são geralmente consideradas como animais sazonalmente poliéstricos em condições climáticas temperadas [10]. O fotoperíodo é um dos principais factores que influenciam a atividade reprodutiva dos pequenos ruminantes [11]. A melatonina é o sinal neuroendócrino que transduz a informação sobre a luz ambiental recebida pela retina. A atividade reprodutiva das cabras nas regiões subtropicais é deprimida durante a primavera, de março a junho [12]. Nestas regiões, a melatonina administrada exogenamente a partir de implantes contínuos de libertação lenta é geralmente inserida na altura do equinócio da primavera nas cabras [13,14,15] para antecipar o início da época de reprodução, imitando o efeito estimulante dos dias curtos [16]. Estes implantes aumentam a concentração de melatonina sem suprimir a secreção endógena de melatonina [17]. Em cabras, a melatonina pode induzir a atividade ovárica e o cio durante o anestro sazonal [18], e aumentar a taxa de conceção [19] devido à sua melhoria da taxa de oócitos clivados e ao aumento da produção de blastocistos [20], o que se reflecte no aumento da fecundidade e da fertilidade [15]. Além disso, a melatonina suprime a concentração de prolactina [21] que está inversamente relacionada com o padrão de atividade reprodutiva das cabras [22]. Além disso, os efeitos benéficos da implantação de melatonina em ovelhas foram expressos como melhoria na taxa de ovulação [23], função lútea [24, 25] e viabilidade embrionária [26] e aumento da taxa de maturação dos oócitos. Para além disso, a implantação de melatonina tende a melhorar a taxa de clivagem na fertilização in vitro [27]. As aplicações de hormonas exógenas para aumentar o desempenho reprodutivo das cabras estão normalmente centradas na sincronização do cio, que é conseguida através do controlo da fase lútea do ciclo estral, quer através do fornecimento de progesterona exógena (P4), quer através da indução de luteólise prematura [28]. Os protocolos de sincronização da ovulação, fora de época, baseiam-se normalmente na libertação interna controlada de fármacos (**CIDR**), mais gonadotropina coriónica equina (**eCG**) [2], que tem sido considerada como um protocolo eficaz para induzir o cio e a ovulação em cabras durante a época não reprodutiva [29]. O objetivo deste estudo foi determinar os efeitos dos implantes de melatonina em conjunto com o protocolo CIDR-eCG na indução de um cio fértil sincronizado e na gravidez em cabras Anglo-Nubianas sazonalmente anestros secas e lactantes.

Capítulo 2

II. MATERIAIS E MÉTODOS

Todos os procedimentos e protocolos experimentais foram efectuados de acordo com o Guide for the Care and Use of Agricultural Animals in Research and Teaching, Federation of Animal Science Societies [30]. Este estudo foi realizado com coelhas da raça Anglo-Nubiana durante a época não reprodutiva (de fevereiro a maio) na Estação Experimental Agrícola (31° 20' N, 30° E), Faculdade de Agricultura, Universidade de Alexandria, Alexandria, Egito.

1. Animais e gestão

Foram utilizadas 48 fêmeas multíparas da raça Anglo-Nubiana (24 secas, pesando 31,52 ± 1,58 kg e 24 lactantes, pesando 30,31 ± 1,43 kg), na terceira a quarta paridade. Os animais eram mantidos ao ar livre com abrigo durante o dia e eram alojados num estábulo semi-aberto durante a noite. Os animais receberam suplementos de forragem e de concentrado de acordo com as suas necessidades de peso corporal [31]. Foi-lhes dado trevo egípcio

(*Trifolium alexandrinum*) no inverno e na primavera e milho verde cortado no verão e no outono, para além do feno. Cada animal recebeu também 1 kg/d de uma mistura concentrada (preparada na Estação Experimental Agrícola) constituída por 18 % de farinha de soja, 40 % de farelo de trigo, 40 % de milho moído e 2 % de calcário + sal. A análise química da mistura de concentrado, de acordo com a Association of Official Analytical Chemists [32], indicou que continha 16,04 % de proteína bruta, 3,31 % de extrato etéreo, 6,94 % de fibra bruta, 67,76 % de hidratos de carbono, 5,95 % de cinzas e oferecia 68 % de TDN. Os animais tiveram acesso livre à água em todas as alturas. Os animais não apresentavam qualquer doença e eram clinicamente normais, com um aspeto saudável.

2. *Dados meteorológicos e desempenho reprodutivo*

Os dados relativos à temperatura média diária, à duração do fotoperíodo e à humidade relativa foram obtidos durante cinco anos consecutivos de uma estação meteorológica próxima. Os registos de dados sobre a fertilidade de um total de duzentas e cinquenta coelhas anglo-nubianas adultas do rebanho pertencente à mesma Estação Experimental Agrícola durante cinco anos consecutivos (cerca de 50 coelhas/ano) foram utilizados para avaliar o desempenho reprodutivo sazonal das coelhas ao longo dos diferentes meses do ano em condições egípcias. Estes dados foram utilizados para calcular as percentagens de ocorrências relativas de cio e de acasalamento fértil relativo (até ao termo) (expressas como o número de observações por mês dividido pelo número total de observações por ano). De acordo com os dados obtidos nos registos, o verão e o início do outono (de junho a setembro) representam a época de reprodução, enquanto o inverno e a primavera (de dezembro a maio) representam a época de não reprodução. Os meses de outubro e novembro (meio e fim do outono) representam uma fase intermédia relacionada principalmente com a época não reprodutora.

3. *Conceção experimental*

Quarenta e oito coelhas anglo-nubianas foram divididas em dois grupos, vinte e quatro coelhas em lactação e vinte e quatro coelhas secas. Em cada grupo, os animais foram divididos em dois subgrupos (12 cadelas cada). No primeiro subgrupo, foram implantados implantes de melatonina absorvíveis de 2 ?< 4 mm (18 mg de melatonina por implante, Melovine; CEVA Santé Animale, La Ballastière, Libourne, França) na base da orelha esquerda, utilizando um implantador. Estes implantes foram concebidos para libertar melatonina durante pelo menos 60 dias, embora a sua funcionalidade possa prolongar-se até mais de 100 dias [33] sem perturbar a secreção endógena de melatonina, como se verifica nas ovelhas [34]. No 42º dia após a implantação da melatonina, todas as ovelhas implantadas foram tratadas com o Eazi-Breed® CIDR® (0,3 g de progesterona; Pfizer Animal Health, Auckland, Nova Zelândia), que foi removido após 19 dias. No dia da remoção do CIDR (dia 61), os animais foram injectados por via intramuscular com 500 UI de eCG (Syncropart; CEVA Santé Animale, La Ballastière, Libourne Cedex, França). Os sinais de cio das fêmeas foram detectados diariamente com a utilização de patos provocadores e as fêmeas que apresentavam cio foram acasaladas com patos férteis (durante 48 horas após a remoção do CIDR) [2]. No segundo subgrupo, o CIDR foi inserido ao mesmo tempo que a inserção do CIDR no primeiro subgrupo, tendo depois recebido um protocolo semelhante. No grupo de lactantes, o protocolo experimental foi efectuado no dia 40 após o parto, tendo sido relatado que a involução uterina está concluída no dia 27, pelo que as cadelas podem exercer o seu primeiro cio pós-parto após 5 a 10 semanas após o parto [35]. Em todos os animais, o diagnóstico de gravidez foi efectuado por ultrassonografia no dia 28 e no dia 56 após o acasalamento (representando os dias 91 e 119 da experiência). O esquema experimental é apresentado na Figura 1.

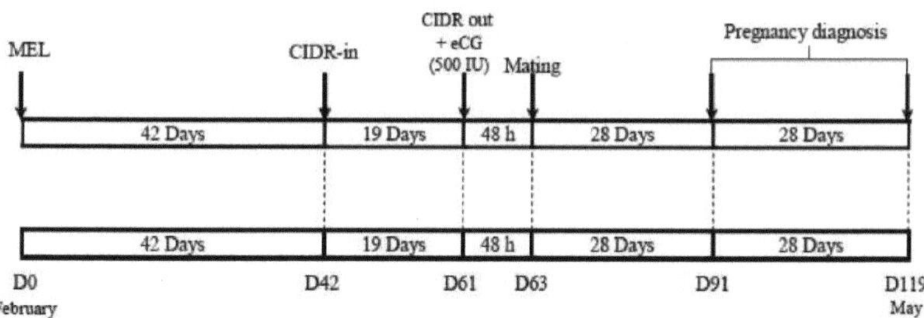

Figura 1. Desenho experimental para avaliar o efeito do implante de melatonina (Melatonina 18 mg) e do protocolo de sincronização baseado em CIDR- eCG em cadelas da raça Anglo-Nubiana durante a época não reprodutiva. CIDR, dispositivo de libertação interna controlada de fármacos (0,3 g de progesterona); eCG, (500 UI Syncropart, intramuscular)

4. Atividade ovárica e diagnóstico de gravidez

Um scanner de ultrassom, em tempo real, modo B equipado com sondas endorretais de 5 e 7,5 MHz, de matriz linear (Pie Medical Equipment B.V., Maastricht, Holanda) foi usado para determinar a resposta ovariana ao tratamento com melatonina e CIDR. Foi utilizado o procedimento de digitalização descrito por Gonzalez-Bulnes et al. [36]. Resumidamente, os animais foram privados de alimentação durante 12 horas antes do exame, que foi efectuado numa posição de pé. A sonda foi colocada numa haste de plástico (1 x 30 cm) como adaptador para permitir a inserção da sonda no reto. A sonda foi lubrificada com um gel hidrossolúvel e revestida com um tubo de cloreto de polivinilo (2 ?< 35 cm) para evitar danos na mucosa rectal e foi inserida suavemente cerca de 20 cm através do reto após a remoção das fezes até que o conteúdo anecoico da bexiga fosse visível no ecrã. Em seguida, a sonda foi rodada 90° no sentido dos ponteiros do relógio e 180° no sentido contrário ao dos ponteiros do relógio, ao longo do trato reprodutor, até os cornos uterinos e ambos os ovários serem examinados. A atividade ovárica, incluindo o número total de folículos de 2 mm ou mais por coelha e a população de folículos (ou seja, folículos pequenos, >2 a 3 mm; folículos médios, > 3 a < 5 mm; e folículos grandes [ovulatórios], >5 mm) em cada coelha [37], foi registada nos dias 0, 14, 28 e 42 (antes da inserção do CIDR), no dia 61 (remoção do CIDR) e no dia 63 (acasalamento). O diâmetro do maior folículo (ovulatório), o número e o diâmetro dos corpos lúteos (CLs) também foram registados. O diagnóstico de gravidez foi registado através da análise do conteúdo uterino nos dias 28 e 56 após o acasalamento.

5. *Desempenho reprodutivo*

O desempenho reprodutivo foi efectuado utilizando as seguintes fórmulas: Taxa de cio = n.º de fêmeas que apresentam cio / n.º de fêmeas sincronizadas x 100; Taxa de conceção (dia 18) = [n.º de fêmeas que conceberam no dia 18 (com base na concentração de P4 de 2,5 ng/ml) / n.º de fêmeas expostas] x 100 [38]; Taxa de conceção (dias 28 e 56) = [n.º de coelhas que conceberam nos dias 28 e 56 (com base na ultrassonografia) / n.º de coelhas expostas] x 100; Prolificidade = (n.º de fetos/coelhas grávidas); e Fecundidade = (n.º de fetos/n.º de coelhas expostas) x 100.

6. *Ensaios hormonais*

Foram colhidas amostras de sangue matinal em tubos evacuados revestidos de silicone de 10 ml (Becton Dickinson, Franklin Lakes, NJ) da veia jugular de cada égua antes do acesso à alimentação e à água nos dias 0, 14, 28 e 42 antes da inserção do CIDR, no dia da saída do CIDR (dia 61), no dia do acasalamento (dia 63) e nos dias 18, 28 e 56 após o acasalamento para o diagnóstico de gravidez. O soro foi obtido por centrifugação das amostras a 2000 x g durante 20 minutos a 4°C, recolhido e armazenado a -20°C até às análises. A concentração de progesterona (P4) no soro sanguíneo foi medida utilizando kits de imunoensaio enzimático em fase sólida obtidos da Monobind Inc. (Lake Forest, CA). O limite inferior de deteção foi de 0,11 ng/mL de soro e o CV intra-ensaio e inter-ensaio foi de 9,3% e 9,9%, respetivamente. A concentração de estradiol (E2) no soro sanguíneo foi medida utilizando kits de imunoensaio enzimático de fase sólida obtidos da Monobind Inc., EUA. O limite inferior de deteção foi de 8,2 pg/mL de soro e o CV intra-ensaio e inter-ensaio foi de 9,9% e 8,2%, respetivamente. Além disso, foi calculado o rácio E2:P4.

7. *análise estatística*

Todos os registos de dados foram testados quanto à normalidade com o teste de Shapiro-Wilk do procedimento UNIVARIATE do SAS (SAS Institute Inc., Cary, NC), e os resultados indicaram que todos os dados tinham uma distribuição normal (W > 0,90). Para evitar a heterogeneidade do erro, caso existisse, todos os registos de dados percentuais inferiores a 10% foram transformados na raiz quadrada correspondente e todos os registos de dados percentuais superiores a 10% foram transformados nos respetivos ângulos arco-seno, de acordo com Steel e Torrie [39]. As variações mensais dos dados meteorológicos e do desempenho reprodutivo, incluindo a ocorrência relativa de cios e o acasalamento fértil relativo, foram analisadas através do procedimento de modelo linear generalizado do SAS, utilizando o seguinte modelo:

$$Y_{ijk} = \mu + M_i + Nj - (M \times N)ij + e_{ijk}$$

em que y_{jk} é o valor observado da variável dependente, 11 é a média global, M_i é o efeito do *i-ésimo* mês (i = 1:12), N é o efeito do *j-ésimo* ano (j = 1:5), $(M \times N)_{ij}$ é a interação entre mês e ano, e e_{ijk} é o erro residual. Os dados relativos ao efeito da melatonina foram analisados utilizando o PROC MIXED do SAS (SAS Inst., Inc., Cary, NC, EUA) para medidas repetidas. O tratamento, o estado fisiológico e os dias foram usados como efeitos fixos e os indivíduos como efeitos aleatórios. Os dados relativos ao efeito da melatonina na atividade ovárica e no nível hormonal foram analisados através da adaptação do seguinte modelo:

$$Y_{ijkl} = \mu + T_i + P_j + D_k + (T \times P)_{ij} + (T \times D)_{ik} + (P \times D)_{jk} + (T \times P \times D)_{ijk} + e_{ijkl},$$

em que Y_{ijkL} é o valor observado da variável dependente determinado a partir de uma amostra retirada de cada animal, ,u é a média global, T_i é o efeito fixo do *i-ésimo* tratamento ($i = 1{:}2$), Pj *é* o efeito fixo do *j-ésimo* estado fisiológico ,seco e em lactação ($j = 1{:}2$), Dkis o efeito fixo do *k-ésimo* dia ($k = 0 : 63$) para o ovário e ($k = 0 : 119$) para os ensaios hormonais, $(T * P)y$ é a interação de primeira ordem entre o tratamento e o estado fisiológico, $(T * D)_{ik}$ é a interação de primeira ordem entre o tratamento e o dia, $(P * D)_{jk}$ é a interação de primeira ordem entre o estado fisiológico e o dia, $(T * P * D_j$ é a interação de segunda ordem entre o tratamento, o estado fisiológico e o dia, e e_{ijkl} é o erro residual. As diferenças significativas entre as médias dentro de cada classificação foram testadas utilizando as diferenças menos significativas (LSD0,05). Os dados dos parâmetros de desempenho reprodutivo foram analisados usando o teste do qui-quadrado. O intervalo de confiança utilizado foi de 95%.

Capítulo 3

III. RESULTADOS E DISCUSSÃO

1. Dados meteorológicos e desempenho reprodutivo

Os dados meteorológicos (Figura 2) indicam que a temperatura ambiente registou os valores mais elevados ($P < 0,05$) em julho e agosto (época de verão) e os valores mais baixos em janeiro e fevereiro (época de inverno). Do mesmo modo, o fotoperíodo apresentou os valores mais elevados ($P < 0,05$) durante os meses de junho e julho (época de verão) e os valores mais baixos foram registados durante os meses de novembro a fevereiro (final do outono e todo o inverno). Além disso, a humidade relativa aumentou significativamente ($P < 0,05$) de novembro a janeiro (fim do outono e início do inverno) e em julho (meio do verão), enquanto os valores mais baixos ($P < 0,05$) foram registados de março a maio (estação da primavera). No que diz respeito ao desempenho reprodutivo, tanto as percentagens de ocorrência relativa de cio como de acasalamento fértil relativo (Figura 3) registaram os valores mais elevados ($P < 0,05$) (30%) durante o mês de julho (época de verão), em que o acasalamento fértil relativo não diferiu do de junho, agosto e setembro. Por outro lado, os valores mais baixos ($P < 0,05$) para ambos os parâmetros (0,0 a 3,33% e 0,0 a 1,11%, respetivamente) foram observados entre dezembro e maio (estações do inverno e da primavera). O desempenho reprodutivo da raça Anglo-Nubiana apresenta uma tendência paralela à dos dados meteorológicos. Os meses óptimos para a ocorrência de cio e acasalamento fértil são os meses mais quentes e de fotoperíodo mais longo (verão), mas os meses mais frios e de fotoperíodo mais curto (inverno e primavera) estão associados aos valores mais baixos destes parâmetros. Estas observações revelaram obviamente a grave deterioração do desempenho reprodutivo, expressa na cessação da ocorrência de cios, que se reflectiu na ausência de acasalamento fértil durante os meses de abril e maio. Para além disso, os valores insignificantes do comportamento do cio observados durante os meses de dezembro, fevereiro e março foram associados ao fracasso total do acasalamento fértil. Estes resultados indicam que as fêmeas da raça Anglo-Nubiana se comportam como reprodutoras de dias longos, onde as caraterísticas reprodutivas medidas foram positivamente correlacionadas com a temperatura ($P < 0,01$) e o fotoperíodo ($P < 0,05$) (Tabela 1). Resultados semelhantes foram observados em Damascus e Baladi por Taha e El-Agamey [9] na mesma latitude no Egito.

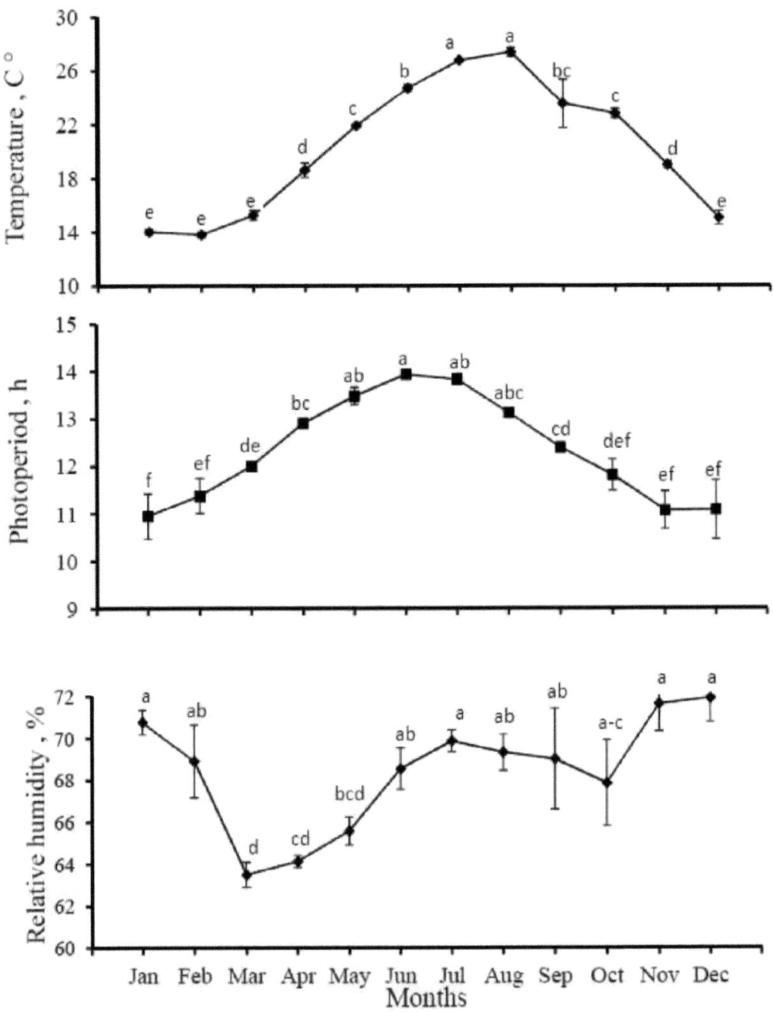

Figura 2. *Variações médias mensais da temperatura ambiente, do fotoperíodo e da humidade relativa ao longo de cinco anos consecutivos em condições egípcias. [a-f] Dentro de cada variável, as médias sem um sobrescrito comum diferem ($P < 0,05$)*

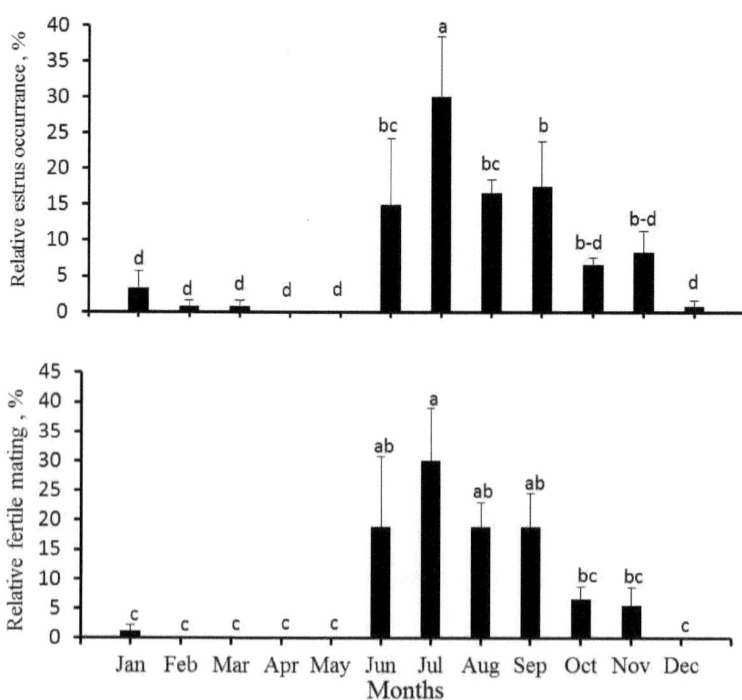

Figura 3. *Variações mensais médias das percentagens de ocorrência relativa de cio e de acasalamento fértil relativo em coelhas anglo-nubianas (250 coelhas adultas) ao longo de cinco anos consecutivos (cerca de 50 coelhas/ano) em condições egípcias.* [a-d] *Dentro de cada variável, as médias sem um sobrescrito comum diferem (P < 0,05)*

Tabela 1. Coeficientes de correlação entre variáveis meteorológicas e desempenho reprodutivo em cadelas Anglo-Nubianas

Parâmetros meteorológicos	Ocorrência de cio , %	Acasalamento Fértil , %
Temperatura ,° C	0.80**	0.85**
Fotoperíodo , h	0.61*	0.68*
Humidade relativa , %	0.35	0.29

*($P < 0{,}05$), ** ($P < 0{,}01$)

2. Efeito dos tratamentos hormonais na atividade ovárica e nos níveis hormonais

2.1 . CIDR e CIDR precedido de melatonina

A melhoria da função lútea no presente estudo (Tabela 2) foi expressa em maior número de corpos lúteos ($P = 0$,022) e progesterona sérica ($P = 0.038$) nas fêmeas implantadas com melatonina em comparação com as não implantadas, o que é consistente com os resultados obtidos em ovelhas [25, 40]. A melatonina parece atuar nos locais hipotalâmicos para aumentar a libertação de impulsos da hormona libertadora de gonadotropina (GnRH) modulando a potência de feedback negativo do estradiol [41] que actua nos locais hipotalâmicos e pituitários para reduzir a secreção da hormona luteinizante [42]. Além disso, a melatonina actua diretamente no corpo lúteo para aumentar a produção de progesterona [24, 25], em vez de diminuir a secreção uterina de prostaglandina (PGF2a) [43] e modificar a biossíntese de prostaglandina no hipotálamo [44]. Além disso, o aumento do número de corpos lúteos pode ser devido ao efeito supressor da melatonina na concentração de prolactina em cabras [21] onde se pensa que as concentrações elevadas de prolactina têm efeitos negativos ou inibitórios na reprodução [45]. O efeito redutor da melatonina na concentração de estradiol foi relatado anteriormente [41] e é claramente indicado no presente estudo (Tabela 2). Além disso, a melatonina diminui a expressão dos receptores de estradiol no estroma profundo das ovelhas, onde o complexo recetor E2-estradiol actua como agente luteolítico [46] e a concentração de estradiol também foi correlacionada com a resposta média das prostaglandinas à oxitocina através da estimulação estrogénica dos receptores uterinos de oxitocina [47].

Tabela 2. Efeito dos tratamentos com CIDR e CIDR precedido de melatonina (Mel + CIDR) na atividade ovárica e nos níveis hormonais de cadelas da raça Anglo-Nubiana durante a <u>época não reprodutiva</u> (médias dos mínimos quadrados ± SEM)

Parâmetro	Tratamento (T)	SEM	Valor de p

	CIDR	Mel + CIDR		T	Dias (D)	T x D
Atividade ovárica						
Número total de folículos por coelha	3.20	3.24	0.11	0.835	0.001	0.179
População folicular, número						
Folículos pequenos > 2 a 3 mm	1.28	1.17	0.10	0.503	0.001	0.071
Folículos médios, > 3 a < 5 mm	1.09	1.13	0.09	0.750	0.001	0.394
Folículos grandes. > 5 nun	0.84	0.95	0.07	0.291	0.001	0.001
Diâmetro dos maiores folículos, nun	5.97	5.92	0.08	0.201	0.406	0.259
N.º de corpos lúteos	0.34[b]	0.48'	0.04	0.022	0.001	0.001
Diâmetro do corpo lúteo. nun	9.88	9.71	0.17	0.250	0.412	0.807
Níveis hormonais						
Progesterona. ng/mL	2.02[b]	2.99'	0.33	0.038	0.001	0.372

Estradiol, pg/ml	57.42'	44.76[b]	2.25	0.001	0.037	0.370
Rácio EjiPr	0.18	0.15	0.02	0.449	0.001	0.792

[ab] Numa linha, as médias com letras sobrescritas diferentes diferem ($P < 0,05$)

2.2 Estado fisiológico das fêmeas

A diminuição ($P = 0,011$) da concentração sérica de progesterona nas vacas em lactação em comparação com as vacas secas (Tabela 3) é sugerida como sendo devida ao efeito da prolactina. Misztal et al. [48] relataram que, durante o período de lactação, a concentração de melatonina diminui e a prolactina, uma hormona responsável pelo início e manutenção da lactação, aumenta. Além disso, a sucção é um fator importante que estimula a secreção de prolactina nas mães lactantes [49]. Por outro lado, estudos sobre o manejo de secagem descobriram que a secreção de prolactina foi inibida durante o período de secagem [50]. A prolactina pode bloquear o mecanismo hipotalâmico responsável pela libertação episódica de LH ou inibir o feedback positivo do estrogénio sobre a secreção de LH. Pode também afetar a esteroidogénese ovárica, alterando o número de receptores de LH [51]. Além disso, na interação entre o estado fisiológico e os tratamentos hormonais, as fêmeas lactantes não implantadas apresentaram o menor número de corpos lúteos ($P = 0,010$) em comparação com os outros grupos (Figura 6). Estes resultados reconhecem o efeito correto da melatonina tanto nas fêmeas secas como nas lactantes. A capacidade da melatonina para contrariar o efeito prejudicial da prolactina foi expressa como um maior número de CLs em lactantes implantadas em comparação com as não implantadas. No entanto, na ausência do efeito prejudicial da prolactina (em coelhas secas) o número de CLs não foi afetado pela implantação da melatonina. Além disso, o implante de melatonina supera com sucesso a redução do número de CLs observada nas coelhas em lactação, tornando-o comparável ao das coelhas secas.

Tabela 3. Efeito do estado fisiológico na atividade ovárica e nos níveis hormonais de cadelas da raça Anglo-Nubiana após CIDR e CIDR precedido de tratamentos com melatonina (T) <u>durante a época não reprodutiva (médias dos mínimos quadrados ± SEM</u>

Parâmetro	Stams (S)		SEM	Valor de p				
	Seco	Em lactação		S	Dias (D)	T	S x D	S XT
Atividade ovárica								
Número total de folículos por coelha	3.31	3.13	0.11	0.262	0.001	0.835	0.010	0.966
População folicular, número								
Folículos pequenos, > 2 a 3 mm	1.21	1.23	0.10	0.907	0.001	0.503	0.153	0.294
Folículos médios. > 3 a < 5 mm	1.13	1.08	0.09	0.691	0.001	0.750	0.817	0.647
Folículos grandes, > 5 mm	0.97	0.82	0.07	0.108	0.001	0.291	0.720	0.238
Diâmetro dos maiores folículos, <u>mm</u>	6.05	5.95	0.09	0.178	0.406	0.201	0.344	0.395

N.º de corpos lúteos	0.47	0.35	0.04	0.056	0.001	0.022	0.050	0.010
Diâmetro do corpo lúteo. nun	9.69	9.78	0.18	0.196	0.412	0.250	0.292	0.874
Níveis hormonais								
Progesterona. ng/mL	3.10'	1.91"	0.33	0.011	0.001	0.038	0.582	0.940
Estradiol, pg/ml	49.46	52.72	2.25	0.307	0.037	0.001	0.051	0.474
Rácio E2:?4	0.17	0.16	0.02	0.881	0.001	0.449	0.386	0.164

[ab] Dentro de uma linha, as médias com letras sobrescritas diferentes diferem *(P < 0,05)*

2.3. Dias de tratamento

Com o avanço do dia de tratamento todas as actividades ováricas foram afectadas *(P < 0,001)*, exceto os diâmetros dos maiores folículos e dos corpos lúteos (Tabela 4). Sugere-se que a capacidade de desenvolvimento da atividade ovárica com o avanço do dia de tratamento esteja sob o efeito antagónico entre a melatonina e a prolactina. Sugere-se que o maior valor *(P < 0,001)* do número total de folículos observado nos dias 42 e 63 (Tabela 4) seja devido a diferentes mecanismos. No dia 42, o maior número total de folículos resultou do maior número de folículos pequenos e médios, mas não de folículos grandes. Isto parece refletir o efeito atrético da prolactina nos folículos pequenos e médios, uma vez que foi relatado que o gene da prolactina mostra um aumento dos folículos pequenos e uma diminuição da maturação dos oócitos [52]. Esta sugestão poderia explicar a redução *(P < 0,001)* no número de folículos grandes dos não implantados em comparação com os implantados com melatonina no dia 42 (Figura 4, superior). Além disso, Prandi et al. [53] relataram o efeito benéfico da melatonina na redução da concentração de prolactina em cabras tratadas com melatonina durante a época do anestro. Por outro lado, o maior ($P < 0,001$) número total de folículos no dia 63 resultou do maior número de folículos grandes, mas não de folículos pequenos e médios (Tabela 4). Esta melhoria é confirmada pelo maior ($P < 0,001$) número total de folículos no dia 63 nas fêmeas secas em comparação com as lactantes (Figura 5, em cima), o que pode ser devido à ausência do efeito atrético da prolactina nas fêmeas secas, o que permite o efeito benéfico da melatonina. Além disso, o aumento do número total de folículos no dia 63 (dia do cio) pode ser devido à administração de eCG (no dia 61), que aumenta o número de folículos ovarianos grandes no cio [54]. A eCG aumenta a entrada de folículos pequenos e médios em folículos grandes e evita a ocorrência de atresia folicular natural [55]. Além disso, o número de folículos pequenos diminuiu após o tratamento com eCG, atingindo um valor mais baixo ($P < 0,001$) no cio (dia 63, Tabela 4), o que foi relatado anteriormente em ovelhas [56]. Coletivamente, estas descobertas podem confirmar os presentes resultados (Tabela 4) onde, no dia 63, os folículos pequenos e médios foram reduzidos, mas os folículos grandes aumentaram ($P < 0,001$). Por outro lado, os

O número reduzido ($P < 0,001$) de folículos grandes no dia 61 (remoção do CIDR) foi relatado anteriormente [57]. O número de corpos lúteos tendeu a aumentar ($P < 0,001$) ao longo dos dias 14 a 42 (Tabela 4), indicando o efeito luteotrófico da melatonina e declarando a capacidade da melatonina para neutralizar o efeito prejudicial da prolactina. No dia 14, o efeito luteotrófico da melatonina ocorre na ausência do efeito prejudicial da prolactina (Figura 5, em baixo), onde o maior número ($P = 0,050$) de corpos lúteos foi registado nas fêmeas secas em comparação com as fêmeas lactantes (independentemente da implantação da melatonina). Por outro lado, no dia 42, um número maior ($P < 0,001$) de corpos lúteos foi registado em coelhas implantadas com melatonina em comparação com as não implantadas (independentemente do estado fisiológico), conforme apresentado na (Figura 4, inferior).

Tabela 4. *Efeito do dia seguinte ao CIDR e do CIDR precedido de tratamentos com melatonina (T) na atividade ovárica de cadelas da raça Anglo-Nubiana durante a época não reprodutiva (médias dos mínimos quadrados = SEM)*

Parâmetro	Dias (D)[1]						SEM -	Valor P		
	0	14	2842	61	63			D	T	Dx T
Atividade ovárica										
Número total de folículos por coelha	1.52[c]	2.04[c]	3.39[b]	4.33[a]	3.82[b]	4.23[a]	0.19	0.001	0.835	0.179
População folicular, número										
Folículos pequenos, > 2 a 3 mm	0.5^	0.79*	1.31[b]	1.83[a]	1.87[a]	0.96*	0.18	0.001	0.503	0.071
Folículos médios, > 3 a < 5 mm	0.49[c]	0.70*	1.10[b]	1.62[a]	1.66[a]	1.08[b]	0.16	0.001	0.750	0.394
Folículos grandes, > 5 mm	0.44-	0.56[c]	1.01[b]	0.8S[b]	0.2S[c]	2.19[a]	0.11	0.001	0.291	0.001
Diâmetro dos maiores folículos, mm	5.93	5.68	5.84	5.76	5.36	6.54	0.15	0.406	0.201	0.259
N.º de corpos lúteos	0.32[b]	0.64[a]	0.54*	0.54*	0.41[b]	0.00-	0.07	0.001	0.022	0.001
Diâmetro do corpo lúteo, mm	9.11	9.40	10.24	9.68	10.07	-	0.32	0.412	0.250	0.807

[M] Numa mesma linha, as médias com letras diferentes diferem entre si [P<0,05].
[1] Dia 0: implantação de melatonina [nos grupos tratados], Dia 42: inserção de CIDR [nos grupos de controlo e tratados], Dia 61: Remoção do QDR e injeção de eCG. Dia 63: acasalamento.

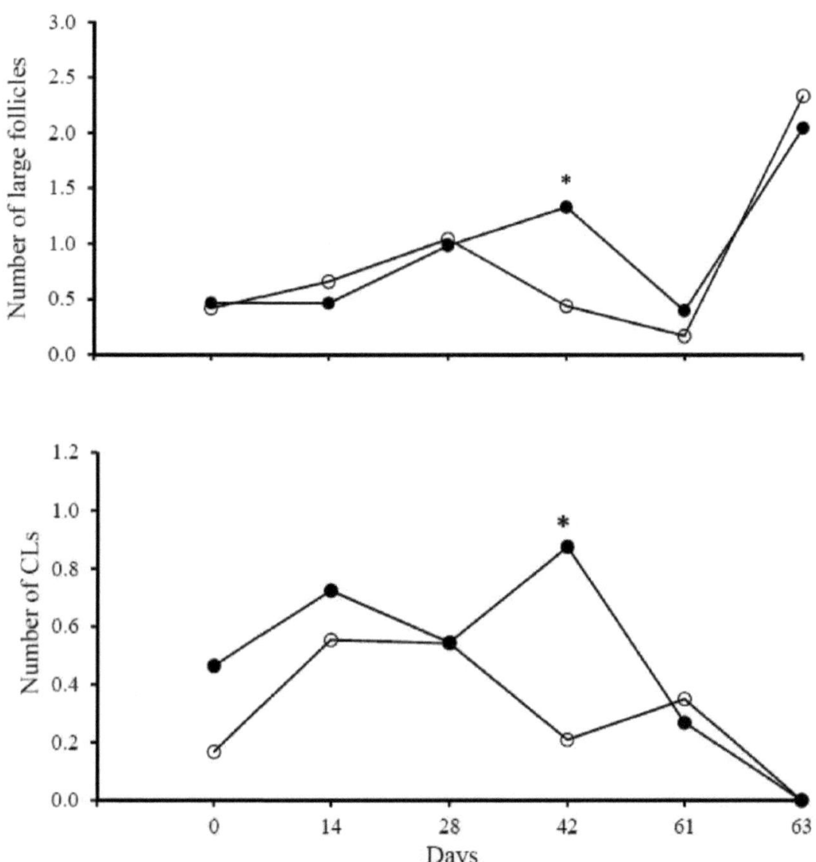

Figura 4. Alterações no número de folículos grandes (em cima) e no número de corpos lúteos (em baixo) no CIDR (O) e no CIDR precedido de melatonina tratadas (●) Anglo-Nubiana durante a época não reprodutiva. * Diferem no mesmo ponto de tempo (P < 0. OS).

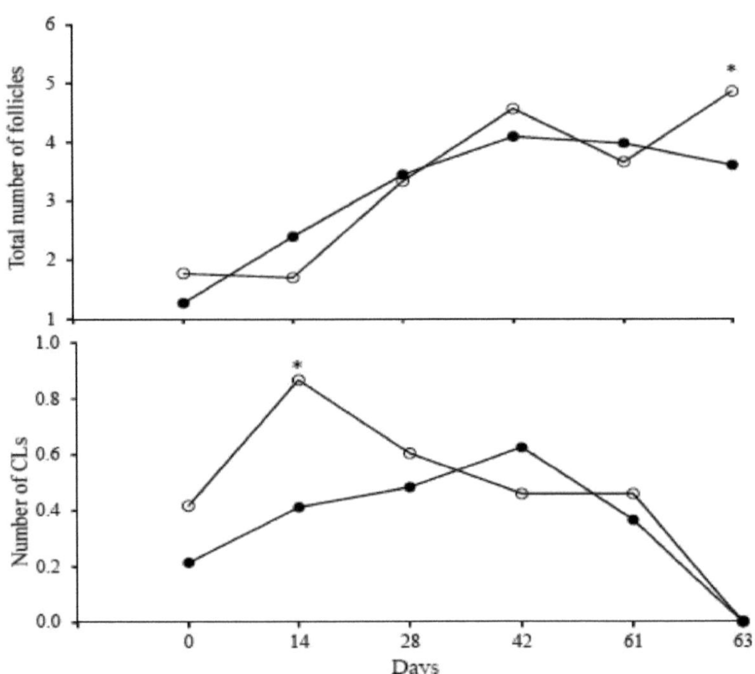

Figura 5. *Alterações no número total de folículos (em cima) e no número de corpos lúteos (em baixo) em (O) secos e em lactação (●) Anglo-Nubiana durante a época não reprodutiva. * Diferem no mesmo ponto de tempo (P < 0. OS).*

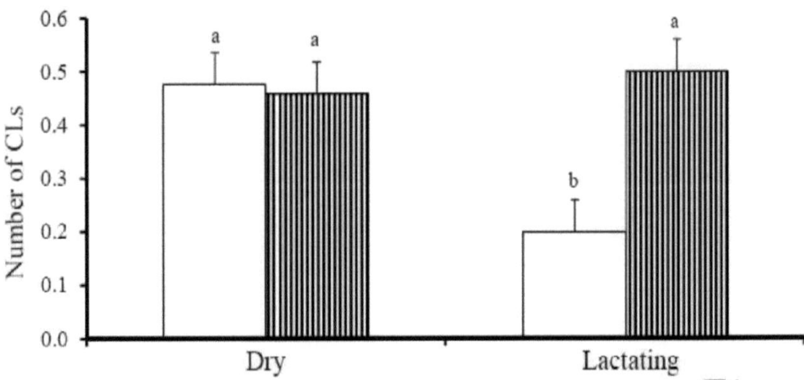

Figura 6. *Alterações no número de corpos lúteos no CIDR (□) e no CIDR precedido de melatonina (▥) de fêmeas Anglo-Nubianas secas e lactantes durante a estação não reprodutiva.*[a][b] *diferem (P = 0,010).*

Além disso, as concentrações séricas de progesterona e estradiol e a sua relação foram afectadas (*P* < 0,001, *P* = 0,037 e *P* < 0,001, respetivamente) ao longo da experiência que se prolongou por 119 dias (Tabela 5). A concentração sérica de progesterona registrou o menor valor ($P < 0,001$) no dia 63 (dia do acasalamento), que não diferiu do registrado ao longo do dia 0 ao dia 61, e os maiores valores ($P < 0,001$) nos dias 81, 91 e 119 do experimento, representando o dia 18 (diagnóstico de gravidez hormonal), dia 28 e dia 56 (diagnóstico de gravidez por ultrassonografia) após o acasalamento. Por outro lado, a relação E2:P4 registou um valor superior ($P < 0,001$) no dia do acasalamento (dia 63), que não diferiu do valor registado ao longo dos dias 0 a 42, e valores inferiores ($P < 0,001$) ao longo dos dias de diagnóstico de gestação. Curiosamente, o valor mais elevado ($P = 0,037$) da concentração sérica de estradiol registado no dia do acasalamento (dia 63) não diferiu significativamente dos valores observados ao longo do período de gestação (aos dias 81, 91 e 119, representando os dias 18, 28 e 56 após o acasalamento). Mudanças na atividade esteroidogênica com o avanço do dia do experimento (Tabela 5) indicaram associação de baixa concentração de progesterona até o dia 42 com o maior número de corpos lúteos (Tabela 4). Este conflito pode indicar a ocorrência de atividade luteal anormal que tem sido relatada durante a estação não reprodutiva [58]. No entanto, o implante de melatonina tendeu a aumentar a concentração sérica de progesterona (Tabela 2) e o número de CLs até o dia 42 (Figura 4, inferior). Além disso, houve uma tendência de aumento da concentração sérica de estradiol (Tabela 5) associada a um aumento no número de folículos grandes até o dia 42 (Tabela 4). Isto parece dever-se à implantação de melatonina, em que o número de folículos grandes tendeu a aumentar, registando o maior valor no dia 42 nas fêmeas implantadas com melatonina (Figura 4, em cima). Após a remoção do CIDR, a concentração sérica de progesterona diminuiu ($P < 0,001$) no dia 63 (dia do cio), o que já foi relatado anteriormente em coelhas [59, 60, 61]. Além disso, foi relatado que a concentração de progesterona é a mais baixa no dia do estro [62] e esta baixa concentração de progesterona é um pré-requisito necessário para a expressão do estro porque a progesterona é claramente inibidora do comportamento do estro em ovelhas [63]. Os valores mais elevados ($P < 0,001$) da concentração de progesterona ao longo dos dias de diagnóstico de gestação (dias 81, 91 e 119) indicaram o efeito benéfico do tratamento hormonal (progesterona e eCG) na taxa de gestação, que foi relatado anteriormente [64]. A progesterona é administrada antes da ovulação para inibir os receptores de ocitocina no endométrio, reduzindo assim a resposta uterina à ocitocina para a secreção de PGF2a [65]. A administração de eCG em ovelhas durante o período de anestro ajuda o desenvolvimento do CL e ajuda a aumentar a secreção de progesterona [66]. O valor mais elevado ($P < 0,001$) do rácio E2:P4 foi registado no dia do cio, o qual foi associado à concentração mais baixa de progesterona (Tabela 5), fornecendo provas convincentes de que a deteção do início do cio foi precisa [67]. Por outro lado, os valores mais baixos da relação E2:P4 registados nos dias do diagnóstico de gravidez (dias 81, 91 e 119, representando os dias 18, 28 e 56 da gravidez) foram associados aos valores mais elevados da concentração sérica de progesterona. Estes valores baixos do rácio E2:P4 indicaram o sucesso do reconhecimento materno da gravidez, uma vez que o rácio E2:P4 elevado no início da gravidez pode gerar episódios maiores de PGF2a que aumentam o risco de falha do reconhecimento materno da gravidez [68]. Curiosamente, no entanto, o rácio E2:P4 era mais baixo no dia 119 (dia 56 da gravidez), mas estava associado ao valor mais elevado da concentração sérica de estradiol. O valor crescente da concentração de estradiol parece ser responsável pela perda embrionária observada nesta fase da gravidez, que será discutida mais adiante.

Tabela 5. Efeito do dia seguinte ao CIDR e do CIDR precedido de tratamentos com melatonina (1) nos níveis hormonais das coelhas da raça Anglo-Nubiana durante a época não reprodutiva (médias dos mínimos quadrados ± SEMj

Parâmetro	Dias (D)[1]							Ill) [SCM]	Valor de p		
	0	14	28	42 61	63	81	91		D	T	DxT
1 níveis formais Progesterona. nginl.	1.1?	1.40°	1.3 5^C	0,7? 2.35^	0.51^c	7.52'	3.6?	3,78^b 0,70	0.001	0.038	0.372
Estradiol. pginl	39.63^d	58.63*	55.77"	53.70" 45.40"	52.90" 49.07^{s1}	44.40"		60.3? 4.77	0.037	i).i!i:'l	0.370
rácio	0.19*	**0.19***	0.3?	0.28" 0.03^s	0.25'	0.08^k	I.'.I?	OJOB" 0,05	0.001	0.449	0.792

[a-d] Dentro de uma linha, as médias com letras diferentes sobrescritas di Iler (P < 0,05),

[1] Dia 0: implantação de melatonina (nos grupos tratados). Dia 42: inserção do CIDR (nos grupos de controlo e tratados). Dia 61: remoção do CIDR e injeção de eCG. Dia 63: acasalamento. Dia 81: diagnóstico hormonal da gravidez (dia 18 após o acasalamento). Dias 91 e 119: diagnóstico de gravidez por ultrassonografia representando os dias 28 e 56 após o acasalamento, respetivamente.

3. *Efeito dos tratamentos hormonais no desempenho reprodutivo*

A implantação de melatonina não conseguiu induzir sinais de cio durante os primeiros 42 dias da presente experiência. No entanto, após 48 horas da remoção do CIDR e da injeção de eCG, a taxa de cio registou 100% para as coelhas implantadas e não implantadas (Tabela 6). Os nossos resultados estão de acordo com os resultados obtidos por Blaszczyk et al. [69] em cabras Anglo-Nubianas tratadas com P4-eCG, obtendo 100% de cabras em cio; bem como por Ramukhithi et al. [70] e Contreras-Villarreal et al. [29] obtendo cabras em cio fora da época de reprodução. Isto indica que a incidência do comportamento de cio no presente estudo não se deveu ao efeito da melatonina, o que pode ser explicado pelas observações acima referidas, considerando que as cabras Anglo-Nubianas são reprodutoras de longa duração. Da mesma forma, deNicolo et al. [71] relataram que a melatonina foi ineficaz na indução de atividade reprodutiva fora de época em ovelhas. Para além disso, a resposta ao cio não diferiu entre ovelhas secas e em lactação, o que é semelhante ao relatado anteriormente [72]. É de salientar que as coelhas que entram no cio através do tratamento com progesterona-eCG apresentam apenas um cio e, se não conceberem, não voltam a entrar no cio [2].

O efeito destrutivo da sazonalidade na reprodução das cabras Anglo-Nubianas expressou-se em valores insignificantes de comportamento de cio, que foi completamente abolido durante os meses de abril a maio, associado à cessação completa do acasalamento fértil durante os meses de fevereiro a maio (Figura 3). No entanto, o presente estudo indicou que o protocolo P4-eCG era um protocolo eficaz para induzir o cio e a ovulação em cabras durante a época não reprodutiva, o que já tinha sido referido anteriormente [29]. Além disso, o protocolo P4-eCG conseguiu atingir 58,33% de taxa de conceção, 2,00 de prolificidade e 33,33% de fecundidade (Tabela 6). Além disso, em conjunto com o P4-eCG, o desempenho reprodutivo foi melhorado pelo implante de melatonina, que resultou em maior ($P = 0,027$) taxa de conceção e fecundidade ($P = 0,039$) no dia 28 da gravidez, conforme relatado em cabras [15], e prolificidade ($P < 0,001$) no dia 56 em comparação com o não implantado (Tabela 6).

A melhoria do desempenho reprodutivo usando o protocolo P4-eCG indica seu efeito benéfico na reprodução. A eCG ajuda o oócito a amadurecer [73] e pode gerar aumentos no estradiol-17β, promovendo o pico de LH induzindo, por sua vez, a ovulação na maioria das cabras [59]. No entanto, a secreção de gonadotropina é insuficiente durante a fase pré-ovulatória durante a época não reprodutiva, pelo que não ocorre uma CL totalmente funcional e a secreção de progesterona é insuficiente [74]. Por isso, a administração de eCG em ovelhas tratadas com progesterona durante a estação não reprodutiva teve um efeito positivo nas taxas de gravidez [64]. Foi relatado que a eCG ajuda o blastocisto a desenvolver-se e regula negativamente o estradiol e a oxitocina, suprimindo assim fortemente a secreção de PGF2α e fazendo com que o blastocisto segregue mais interferão-tau [75], provocando o crescimento do conceptus e conduzindo a aumentos significativos na placentação [76].

Os receptores de melatonina são expressos nos folículos antrais e no corpo lúteo, o que pode influenciar a dinâmica folicular do ovário e as interações endócrinas intra-ovarianas [77]. Além disso, a melatonina melhora a competência de desenvolvimento dos oócitos no período de anestro sazonal [78], e aumenta significativamente a taxa de maturação dos oócitos e tende a aumentar a sua taxa de clivagem [27]. Além disso, a melatonina reduz a degeneração dos embriões [79], e aumenta a percentagem de blastocistos eclodidos [25] durante o anestro sazonal. Além disso, o efeito luteotrófico da melatonina foi relatado por Durotoye et al., [24], levando a um aumento nas concentrações de progesterona no plasma. O aumento das concentrações plasmáticas de progesterona (P4) tem a capacidade de modificar a relação embrião-maternidade, estimulando alterações no estado fisiológico do útero suficientes para influenciar a sobrevivência do embrião [80]. A ação dos estrogénios e da progesterona no útero é mediada por interações com os seus receptores intracelulares (ER e PR) [81]. A implantação de melatonina resultou num aumento da expressão de PR no epitélio glandular profundo e numa diminuição de ER no estroma profundo das ovelhas [46]. A melatonina aumenta a sensibilidade à P4, uma vez que esta hormona aumenta a diferenciação dos epitélios e, consequentemente, a função secretora do endométrio [82]. Por outro lado, a melatonina diminui a expressão de ERa no estroma profundo das ovelhas. O complexo E2-ERa actua como um agente luteolítico, pelo que uma

A diminuição da sensibilidade aos estrogénios (conteúdo de ERa) no estroma profundo é consistente com os possíveis efeitos benéficos da melatonina na preparação uterina para a gravidez, tal como observado para o recetor PR [46].

Quadro 6, Efeito dos tratamentos CIDR e CIDR precedido de melatonina (Mel + CIDR) no desempenho reprodutivo das coelhas anglo-nubianas durante a época não reprodutiva (médias dos mínimos quadrados ± SEM)

Parâmetro	Tratamento (T)		Estado (S)		Valor F		
	CIDR	Mel + CIDR	Seco'	Em lactação	T	s	T x s
Taxa de cio [1]	100(24/24)	100(24/24)	100(24/24)	100(24/24)	-	-	-
Taxa de conceção [2]							
Dia 18	58.33 (14/24)	91.67(22'24)	66.67(16/24)	83.33(20/24)	0.169	0.623	0.169
Dia 28	1 6.67(4/24/	54.17(13/24/	37.50 {9/24)	33.33(8/24)	0.027	0.955	0.527
Dia 56	16.67(4/24)	33.33(8/24)	29.17(7/24)	20.83(5/24)	0.229	0.632	0.864
Prolificidade".							
Dav 28	2.00(8/4)	2.00(26/13)	2.22(20/9)	1.75(14/8)	0.916	0.876	0.873

Dav 56	2.00 (8/4>[b]	2.63(21/8/	2.57(18/7)	2.20(11/5)	0.001	0.558	0.584
Fecundidade[4]							
Dia 28	33.3 3(8/24 /	108.33(26/24/	83.33 (20/24)	58.33(14/24)	0.039	0.815	0.660
Dia 56	33.33(8/24)	87.50(21/24)	75.00 <18/24)	45.83(11/24)	0.330	0.857	0.954

[ab] -Dentro de uma linha. médias com diferentes letras sobrescritas ditT'er $(P < 0,05)$.

[1] Taxa de cio; (n.º de coelhas que apresentam cio/n.º de coelhas sincronizadas) x 100,

[2] Taxa de conceção (dia 18); [n.º de coelhas que conceberam no dia 18 (com base na concentração de P_4 de 2,5 ng/ml)/ n.º de coelhas expostas] x 100, e (Dias 28 e 56): [n.º de coelhas que conceberam nos dias 28 e 56 (com base na ultrassonografia) / n.º de coelhas expostas] x 100. ' Prolificidade: (n.º de fetos / fêmeas grávidas).

[1] Fecundidade[1] : (n.º de fetos / n.º de fêmeas expostas) x 100.

O efeito da melatonina exógena no estabelecimento da gravidez e no desenvolvimento do embrião é expresso no bloqueio da produção in vitro de PGF2a pelo útero [83] e na modificação da biossíntese de prostaglandinas no hipotálamo [44]. Um bloqueio bem sucedido da produção de prostaglandinas endometriais tem um papel vital na manutenção da gravidez. O bloqueio da luteólise depende da capacidade do concepto de enviar sinais antiluteolíticos eficazes (interferon-tau) e da capacidade do endométrio de responder a esses sinais, bloqueando assim a produção de PGF2a. A perturbação destas interações embrião-mãe pode resultar em perda embrionária [84]. A presença de um pico P4 precoce (após o acasalamento) facilita o alongamento do concepto e, consequentemente, a secreção de interferon-tau adequado [85]. O interferão-tau prolonga o tempo de vida do corpo lúteo [86], suprimindo os genes do recetor de estradiol e do recetor de oxitocina em ovelhas [87] e atenuando a secreção endometrial de PGF2a [88]. Curiosamente, foi observada uma redução na taxa de conceção com o avanço do dia de gestação (ao longo de 18, 28 e 56) no presente estudo (Tabela 6). Esse achado pode ser devido à maior ($P = 0,037$) concentração de estradiol no 56º dia de gravidez (Tabela 5). Esse alto nível de estradiol resulta na regulação positiva dos receptores endometriais de ocitocina, que tendem à liberação prematura de PGF_{2a} do útero, levando à função luteal subnormal [89].

CONCLUSÕES

A utilização do protocolo CIDR-eCG permitiu obter cios férteis durante a época não reprodutiva em coelhas Anglo-Nubianas. Além disso, a implantação de melatonina em conjunto com o protocolo CIDR-eCG aumentou a taxa de conceção, fecundidade e prolificidade em comparação com as coelhas não implantadas. O presente estudo representou o protocolo melatonina- CIDR-eCG como uma opção viável para melhorar o desempenho reprodutivo durante a época não reprodutiva em cabras.

AGRADECIMENTOS

Esta investigação foi financiada pelo Departamento de Produção Animal, Faculdade de Agricultura (El-Shatby), Universidade de Alexandria, Alexandria, Egito.

REFERÊNCIAS

Vesely JA. 1975. Indução da parição de oito em oito meses em duas raças de ovelhas por controlo da luz com ou sem tratamento hormonal. Animal Production. 21:165-174. DOI: 10.1017/s0003356100030580

Abecia, J., F. Forcada, e A. Gonzalez-Bulnes. 2011. Controlo farmacêutico da reprodução em ovinos e caprinos. Vet. Clin. North Am. Food Anim. Pract. 27: 167-179. doi:10.1016/j.cvfa.2010.10.001

Chemineau, P., Daveau, A., Maurice, F. e Delgadillo, J.A. 1992. A sazonalidade do cio e da ovulação não é modificada pela sujeição das cabras alpinas a um fotoperíodo tropical. Small Rumin. Res. 8:299-312. doi.org/10.1016/0921- 4488(92)90211-1

Duarte, G., Flores, J.A., Malpaux, B. e Delgadillo, J.A. 2008. A sazonalidade reprodutiva em fêmeas caprinas adaptadas a um ambiente subtropical persiste independentemente da disponibilidade de alimentos. Domest. Anim.Endocrinol.35:262-370. doi.org/10.1016/j.domaniend.2008.07.005

Restall, B.J. 1992. Variação sazonal da atividade reprodutiva em cabras australianas. Anim. Reprod. Sci. 27: 305-318. doi.org/10.1016/0378- 4320(92)90145- 4

Rivera, G.M., Alanis, G.A., Chaves, M.A., Ferrero, S.B., Morello, H.H. 2003. Sazonalidade do cio e da ovulação em cabras crioulas da Argentina. Small Rumin. Res. 48: 109-117. doi.org/10.1016/s0921 -4488(02)00236-5

Chemineau, P. 1986. Comportamento sazonal e atividade gonadal durante

o ano na cabra de carne crioula tropical. I. Comportamento do estro

feminino e atividade ovárica. Reprod. Nutrit. Develop. 26: 441-452.

doi.org/10.1051/rnd: 19860305

Greyling, J.P.C. 2000. Caraterísticas da reprodução na corça da cabra Boer.

Small Rumin. Res. 36: 171-177.doi.org/10.1016/s0921 -4488(99)00161-3

Taha, T., e E. El-Agamey. 2003. Perfil de proteínas associadas à fertilidade

no plasma seminal de ovinos e caprinos ao longo de um ano. Alex J. Agric.

Res. 48:17-28.

Fatet, A., M. Pellicer-Rubio, e B. Leboeuf. 2011. Ciclo reprodutivo das

cabras. Anim. Reprod. Sci. 124: 211-219.

doi:10.1016/j.anireprosci.2010.08.029

Bedos, M., G. Duarte, J. Flores, G. Fitz-Rodríguez, H. Hernández, J.

Vielma, I. Fernández, P. Chemineau, M. Keller e J. Delgadillo. 2014. Duas

ou 24 horas de contato diário com machos sexualmente ativos resultam em

diferentes perfis de secreção de LH que levam à ovulação em cabras

anestésicas. Domest. Anim. Endocrinol. 48: 93-99.

doi:10.1016/j.domaniend.2014.02.003

Mellado, J., F. Veliz, A. De Santiago, C. Meza-Herrera, e M. Mellado.

2014. Cio induzido por Buck em cabras mestiças de pastoreio durante o

aumento do fotoperíodo no norte do México. Veterinarija ir Zootechnika

66:40-46.

Zarazaga, L., I. Celi, J. Guzmán, e B. Malpaux. 2012a. Melhoria do efeito masculino no desempenho reprodutivo em cabras mediterrâneas com tratamento de dia longo e / ou melatonina. Vet. J. 192, 441-444.

doi: 10.1016/j.tvjl.2011.09.012

Zarazaga, L., M. Gatica, I. Celi, e J. Guzmán. 2012b. O desempenho reprodutivo é melhorado durante o anoestro sazonal em cabras Murciano-Granadina e Payoya quando as fêmeas, mas nem sempre os machos, recebem implantes de melatonina. Reprod. Domest. Anim. 47: 436-442.

doi:10.1111/j.1439- 0531.2011.01899.x

Celi, I., M. Gatica, J. Guzmán, L. Gallego-Calvo, e L. Zarazaga. 2013. Influência do efeito masculino no desempenho reprodutivo de cabras Payoya fêmeas implantadas com melatonina no solstício de inverno.Anim. Reprod.Sci.137:183-188.

doi:10.1016/j.anireprosci.2013.01.015

Zarazaga, L., M. Gatica, I. Celi, J. Guzman e B. Malpaux. 2009. Efeito dos implantes de melatonina na atividade sexual das fêmeas de cabras mediterrânicas sem separação dos machos   .
Theriogenology.72, 910-918.

doi: 10.1016/j.theriogenology.2009.05.020

Zarazaga, L., I. Celi, J. Guzman, e B. Malpaux. 2011a. O efeito da nutrição sobre os mecanismos neurais potencialmente envolvidos na secreção de LH estimulada pela melatonina em cabras mediterrânicas. J. Endocrinol. 211:263-272. doi:10.1530/joe-11-0225

Zarazaga, L., M. Gatica, I. Celi, J. Guzman, e B. Malpaux. 2011b. Dias longos artificiais, para além da melatonina exógena e do contacto diário com os machos, estimulam a atividade ovárica e o estro em fêmeas de cabras mediterrânicas. Animal. 5: 1414-1419. doi:10.1017/s1751731111000413

Kumar, S., e G. Purohit. 2009. Effect of a single subcutaneous injection of melatonin on estrous response and conception rate in goats. Small Rumin. Res. 82:152-155. doi:10.1016/j.smallrumres.2009.02.005

Berlinguer, F., G. Leoni, S. Succu, A. Spezzigu, M. Madeddu, V. Satta, D. Bebbere, I. Contreras-Solis, A. Gonzalez-Bulnes, e S. Naitana. 2009. A melatonina exógena influencia positivamente a dinâmica folicular, a competência de desenvolvimento dos oócitos e a produção de blastocistos num modelo caprino. J. Pineal Res. 46: 383-391. doi: 10.1111/j.1600-079x.2009.00674.x

Yue, C., L. Du, W. Zhan, X. Zhu, X. Kong e Z. Jia. 2010. Expressão do mRNA do recetor de prolactina após a manipulação de melatonina na pele de cabras Cashmere durante o crescimento de Cashmere. Asian-Aust. J. Anim. Sci. 23: 1291 - 1298. doi:10.5713/ajas.2010.10010

Mori, Y., K. Maeda, T. Sawasaki, e Y. Kano. 1985. Photoperiodic control of prolactin secretion in the goat. Jpn. Jpn. Anim. Reprod. 31:9-15. doi:10.1262/jrd1977.31.9

Zuniga, O., F. Forcada, e J. Abecia 2002. O efeito de implantes de melatonina na resposta ao efeito macho e na subsequente ciclicidade de

Rasa

Ovelhas Aragonesa implantadas em abril. Anim. Reprod. Sci. 72: 165-174.

Doi: 10.1016/s0378-4320(02)00117-3

Durotoye, L., G. Webley, e R. Rodway. 1997. Estimulação da produção de

progesterona pelo corpo lúteo da ovelha pela perfusão de melatonina in

vivo e pelo tratamento das células da granulosa com melatonina in vitro.

Res. Vet. Sci. 62: 87-91. doi:10.1016/s0034-5288(97)90126-0

Abecia, J., Forcada, F., e O. Zuñiga. 2002. The effect of melatonin on the

secretion of progesterone in sheep and on the development of ovine

embryos in vitro. Vet. Res. Commun. 26: 151-158. doi:

10.1023/a:1014099719034

Forcada, F., J. Abecia, J. Cebrián-Perez, T. Muiño-Blanco, J. Valares, I.

Palacin e A. Casao. 2006. O efeito de implantes de melatonina durante o

anestro sazonal na produção de embriões após a superovulação em ovelhas

Rasa Aragonesa envelhecidas de alta prolificidade. Theriogenology65:356-

365. doi: 10.1016/j.theriogenology.2005.05.038

Casao, A., J. Abecia, J. Cebrián-Pérez, T. Muiño-Blanco, M. Vázquez, e F.

Forcada. 2010. The effects of melatonin on in vitro oocyte competence and

embryo development in sheep. Spanish J. Agric. Res. 8: 35-41.

doi:10.5424/sjar/2010081-1141

Fonseca, J., J. Bruschi, I. Santos, J. Viana, e A. Magalhães. 2005. Indução

de cio em cabras leiteiras não lactantes com diferentes protocolos de sincronia de cio. Anim. Reprod. Sci. 85: 117-124.

doi: 10.1016/j.anireprosci.2004.03.005

Contreras-Villarreal, V., C. Meza-Herrera, R. Rivas-Muñoz, O. Angel-Garcia, J. Luna-Orozco, E. Carrillo, M. Mellado e F. Véliz-Deras. 2015. Desempenho reprodutivo de cabras leiteiras mestiças anovulares sazonais induzidas a ovular com uma combinação de progesterona e eCG ou estradiol. Anim. Sci. J. 87: 750-755. doi:10.1111/asj.12493

FASS. 2010. Guia para o Cuidado e Utilização de Animais de Produção na Investigação e Ensino. 3ª ed. Federação das Sociedades de Ciência Animal, Champaign, IL.

NRC. 2007. Nutrient Requirements of Small Ruminants (Necessidades de Nutrientes dos Pequenos Ruminantes). Natl. Acad. Press, Washington, DC. doi:10.17226/11654

AOAC.1984. Métodos Oficiais de Análise. 14ª ed. Association of Official Analytical Chemists, Arlington, VA.

Forcada, F., J. Abecia, O. Zuniga, e J. Lozano. 2002. Variação na capacidade dos implantes de melatonina inseridos em dois momentos diferentes após o solstício de inverno para restaurar a atividade reprodutiva em ovelhas com sazonalidade reduzida. Aust. J. Agric. Res. 53:167-73. doi:10.1071/ar00172

Forcada, F., L. Zarazaga, e J. Abecia. 1995. Efeito da melatonina exógena e do plano de nutrição após o desmame sobre a atividade do estro, o estado endócrino e a taxa de ovulação em ovelhas Salz que parem no anestro sazonal. Theriogenology. 43:1179-1193. doi: 10.1016/0093-691x(95)00090-u

Hafez, B., e E.S.E. Hafez. 2000. Reproduction in Farm Animals 7th ed., Lippincott, Williams and Wilkins. Lippincott, Williams and Wilkins. doi:10.1002/9781119265306

Gonzalez-Bulnes, A., P. Pallares, e M. Vazquez. 2010. Imagens ultra-sonográficas na reprodução de pequenos ruminantes. Reprod. Domest. Anim. 45:9-20. dio:10.1111/j.1439-0531.2010.01640.x

Hashem, N., K. El-Azrak, A. Nour El-Din, T. Taha e M. Salem. 2015. Efeito do tratamento com GnRH na atividade ovariana e no desempenho reprodutivo de ovelhas Rahmani de baixa prolificidade. Theriogenology.83:192-198. doi:10.1016/j.theriogenology.2014.09.016

Boscos, C., F. Samartzi, A. Lymberopoulos , A. Stefanakis, e S. Belibasaki. 2003. Avaliação da concentração de progesterona através de imunoensaio enzimático, para o diagnóstico precoce da gravidez em ovinos e caprinos. Reprod. Domest. Anim. 38:170-174. doi:10.1046/j.1439-0531.2003.00407.x

Steel, R., e T. Torrie. 1980. Principles and Procedures of Statistics. 2a ed., McGraw Hill, NY. McGraw Hill, NY.

Abecia, J., I. Palacin, F. Forcada, e J. Valares. 2006. O efeito do tratamento com melatonina na resposta ovariana de ovelhas ao efeito carneiro. Domest. Anim. Endocrinol. 31: 52-62.

doi:10.1016/j.domaniend.2005.09.003

Noël, B., S. Mandiki, B. Perrad, J. Bister, e R. Paquay. 1999. Crescimento folicular terminal, taxa de ovulação e secreção hormonal após pré-tratamento com melatonina antes da sincronização FGA-PMSG em ovelhas Suffolk no início da época de reprodução. Small Rumin. Res. 32: 269-277. doi:10.1016/s0921-4488(98)00187-4

Caraty, A., A. Locatelli, e G. Martin. 1989. Resposta bifásica na secreção da hormona libertadora de gonadotrofinas em ovelhas ovariectomizadas injectadas com estradiol. J. Endocrinol. 123:375-382. doi: 10.1677/joe.0.1230375

Gimeno, N., A. Landa, N. Sterin-Speziale, D. Cardinali, e A. Gimeno. 1980a. Melatonin blocks in vitro generation of prostaglandin by the uterus and hypothalamus. Eur. J. Pharmacol. 62: 309-317. doi:10.1016/0014-2999(80)90098-9

Bojanowska, E., e M. Forsling. 1997. Os efeitos da melatonina na secreção de vasopressina in vivo: interações com acetilcolina e prostaglandinas. Brain Res. Bull. 42:457-461. doi:10.1016/s0361-9230(96)00372-3

Kann, G., e J. Martinet. 1975. Prolactin levels and duration of postpartum anoestrus in lactating ewes. Nature. 257: 63-64. doi: 10.1038/257063a0

Vázquez, M., F. Forcada, C. Sosa, A. Casao, I. Sartore, A. Fernández-Foren, A. Meikle, e J. Abecia. 2013. Efeito da melatonina exógena na viabilidade embrionária e no ambiente uterino em ovelhas subnutridas. Anim. Reprod. Sci. 141:52-61. doi:10.1016/j.anireprosci.2013.07.007

Beard, A., e G. Lamming. 1994. Oestradiol concentration and the development of the uterine oxytocin recetor and oxytocin-induced PGF2a release in ewes. Reproduction. 100:469-475. doi: 10.1530/jrf,0.1000469

Misztal, T., K. Romanowicz, e B. Barcikowski. 1997. Alterações naturais e estimuladas pela melatonina no ritmo circadiano da secreção de prolactina na ovelha durante o anestro sazonal. Neuroendocrinology. 66: 360-367. doi:10.1159/000127259

Grattan, D., 2002. Significado comportamental da sinalização da prolactina no sistema nervoso central durante a gravidez e a lactação. Reprodução. 123: 497-506. doi:10.1530/rep.0.1230497

Ollier, S., X. Zhao, e P. Lacasse. 2013. Efeito da inibição da liberação de prolactina na produção de leite e involução da glândula mamária na secagem em vacas. J. Dairy Sci. 96:335-343. doi:10.3168/jds.2012-5955

Sheth, A., K. Wadadekar, S. Moodbidri, K. Janakiraman e M. Paramesh. 1978. Seasonal alteration in the serum prolactin and LH levels in the water buffaloes. Curr. Sci. 47:75-77.

Parks, J. 2004. Hormones of the Hypothalamus and Pituitary (Hormonas do Hipotálamo e da Hipófise). Pennsylvania, Elsevier. p. 1845-1869.

Prandi, A., G. Romagnoli, F. Chiesa, e C. Tamanini. 1987. Variações da prolactina plasmática e início da atividade ovárica em cabras anestésicas lactantes que receberam melatonina. Anim. Reprod. Sci. 13: 291-297. doi:10.1016/0378-4320(87)90066- 2

Noël, B., J. Bister, B. Pierquin, e R. Paquay. 1994. Effects of FGA and

PMSG on follicular growth and LH secretion in Suffolk ewes. Theriogenology. 41: 719-727. doi:10.1016/0093-691x(94)90181-h

Bister, J., B. Noël, B. Perrad, S. Mandiki, J. Mbayahaga, e R. Paquay. 1999. Control of ovarian follicle activity in the ewe. Domest. Anim. Endocrinol. 17:315-328. doi:10.1016/s0739-7240(99)00047-8

Kermani Moakhar, H., H. Kohram , A. Zareh Shahneha, T. Saberifar. 2012. Resposta ovariana e taxa de gravidez após diferentes doses de tratamento com eCG em ovelhas Chall. Small Ruminant Research 102:63- 67. doi:10.1016/j.smallrumres.2011.09.017

Honparkhe, M., P. Ghuman, J. Singh, e G. Dhaliwal. 2011. Um protocolo de IA baseado em CIDR estabelece a gravidez em gado leiteiro de reprodutores repetidos. Indian J. Anim. Sci. 81: 340-343.

Atkinson, S. 1988. Inadequate function of corpora lutea following the induction of ovulation with monensin and FSH in seasonally anestrous ewes. J. Endocrinol. 117: 167-172. doi:10.1677/joe.0.1170167

Menchaca, A., V. Miller, V.Salveraglio, andE . Rubianes. 2007. Endócrino, respostas luteais e foliculares após a utilização do protocolo de curto prazo para sincronizar a ovulação em cabras . Animal Reprod. Sci. 102: 76-87. doi: 10.1016/j.anireprosci.2006.10.001

Rowe, J.D., L.A. Tell, J.L.Carlson, R.W. Griffi th, K. Lee, H. Kieu, S. Wetzlich e D. Hallford. 2010. Resíduos de progesterona no leite de cabras tratadas com inserções CIDR-G®. J. Vet. Pharmacol. Ther. 33:   605-609. doi: 10.1111/j.1365-2885.2010.01172.x

Souza, J.M.G., C.A.A. Torres, A.L.R.S. Maia, F.Z. Brandao, J.H. Bruschi, J.H.M. Viana, E. Oba e J.F. Fonseca. 2011. Dispositivos intravaginais de progesterona autoclavados e previamente utilizados induzem o estro e a ovulação em cabras Toggenburg anãs . Anim. Reprod. Sci. 129: 50-55. doi: 10.1016/j.anireprosci.2011.09.012

Mondal, M., C. Rajkhowa, e B. Prakash. 2006. Relationship of plasma estradiol-170, total estrogen, and progesterone to estrus behavior in mithun (Bosfrontalis) cows.   Horm. Behav. 49:626-633. doi: 10.1016/j.yhbeh.2005.12.015

Fabre-Nys, C., e G. Martin. 1991. Roles of progesterone and oestradiol in determining the temporal sequence and quantitative expression of sexual receptivity and the preovulatory LH surge in ewe. J. Endocrinol. 130:367-379. doi:10.1677/joe.0.1300367

Kaya, S., C. Kagar, D. Kaya, e S. Aslan. 2013. A eficácia da administração suplementar de progesterona com GnRH, hCG e PGF2a na fertilidade de ovelhas Tuj durante a estação não reprodutiva. Small Rumin. Res. 113: 365-370. doi:10.1016/j.smallrumres.2013.03.018

Leyva, V., B. Buckrell, e J. Walton. 1998. Follicular activity and ovulation regulated by exogenous progestagen and PMSG in anestrous ewes. Theriogenology. 50:377-393. doi:10.1016/s0093-691x(98)00147-2

Fukui, Y., R. Itagaki, N. Ishida, e M. Okada. 2001. Effect of different hCG treatments on fertility of estrus-induced and artificially inseminated ewes during the non-breeding season. J. Reprod. Dev. 47:189-195.

doi:10.1262/jrd.47.189

Sullivan, R., B. Faris, D. Eborn, D. Grieger , A. Cino-Ozuna, e T. Rozell. 2013. Expressão folicular das variantes do recetor da hormona folículo-estimulante na ovelha. Reprod. Biol. Endocrinol. 11:113-120. doi:10.1186/1477-7827-11- 113

Abecia, J., F. Fernando, J. Valaresa, O. Zuniga, e H. Kindahl. 2003. Effect of exogenous melatonin on in vivo and in vitro prostaglandin secretion in Rasa Aragonesa ewes. Theriogenology. 60:1345-1355. doi:10.1016/s0093-691x(03)00168-7

Blaszczyk, B., J. Udala, e D. G^czarzewicz. 2004. Alterações nas concentrações de estradiol, progesterona, melatonina, prolactina e tiroxina no plasma sanguíneo de cabras após a indução do cio dentro e fora da época natural de reprodução. Small Rumin. Res. 51:209-219. doi:10.1016/s0921 -4488(03)00190-1

Ramukhithi, F., T. Nedambale, B. Sutherland, J. Petrus, C. Greyling e K.Lehloenya. 2012. Sincronização do estro e taxa de gravidez após inseminação artificial (IA) em cabras indígenas sul-africanas. Journal of Applied Animal Research 40, 292-296. doi: 10.1080/09712119.2012.685280

deNicolo, G., S. Morris, P. Kenyon, P. Morel, e T. Parkinson. 2008. Desempenho reprodutivo melhorado pela melatonina em ovelhas criadas fora de época. Anim. Reprod. Sci. 109:124-133. doi:

10.1016/j.anireprosci.2007.10.012

Fonseca, J., C. Torres, A. Santos, V. Maffili, L. Amorim, e E. Moraes. 2008. Progesterona e caraterísticas comportamentais na indução do estro em cabras alpinas. Anim. Reprod. Sci. 103: 366-373. doi:10.1016/j.anireprosci.2007.05.013

Schmitt, E., C. Barros, P. Fields, M. Fields, T. Diaz, J. Kluge, W. Thatcher. 1996. Caracterização celular e endócrina do corpo lúteo original e induzido após a administração de um agonista da hormona libertadora de gonadotropina ou de gonadotropina coriónica humana no quinto dia do ciclo estral. J. Anim. Sci. 74:1915-1929 doi:10.2527/1996.7481915x

Spencer, T., G. Johnson, F. Bazer e R. Burghardt. 2004. Implantation mechanisms: insights from the sheep. Reproduction. 128:657-668. doi:10.1530/rep.1.00398

Nephew, K., H. Cardenas, K. McClure, T. Ott, F. Bazer e W. Pope. 1994. Effects of administration of human chorionic gonadotropin or progesterone before maternal recognition of pregnancy on blastocyst development and pregnancy in sheep. J. Anim. Sci. 72:453-458. doi:10.2527/1994.722453x

Khan, T., Hastie, P. Beck, M. Khalid. 2003. O tratamento com hCG no dia do acasalamento melhora a viabilidade embrionária e a fertilidade em borregas. Anim. Reprod. Sci. 76: 81-89. doi:10.1016/s0378-4320(02)00194-x

Baratta, M., e C. Tamanini. 1992. Effect of melatonin on the in vitro secretion of progesterone and estradiol 170 by ovine granulosa cells. Ata

Endocrinol. 127:366-370. doi:10.1530/acta.0.1270366

Vázquez, M., F. Forcada, A. Casao, J. Abecia, C. Sosa, e I. Palacín. 2010. A subnutrição e a melatonina exógena podem afetar a competência de desenvolvimento in vitro de ovócitos ovinos numa base sazonal. Reprod. Domest. Anim. 45:677-684. doi:10.1111/j.1439-0531.2008.01329.x

Buffoni, A., P. Vozzi, D. Gonzalez, G. Rios, H. Viegas-Bordeira, e J. Abecia. 2014. O efeito da melatonina e da estação do ano na produção embrionária in vivo de ovelhas Dohne Merino. Small Rumin. Res. 120: 121-124. doi:10.1016/j.smallrumres.2014.05.003

Lawson, R., e L. Cahill. 1983. Modification of the embryo maternal relationship in ewes by progesterone treatment early in the estrous cycle. J. Reprod. Fert. 61:473-475. doi:10.1530/jrf.0.0670473

Clark, J., W. Schrader, e B. O'Malley. 1992. Mechanisms of steroid hormones action. In: Wilson, J.D., Foster, D.W. (Eds.), Textbook of Endocrinology. W.B. Saunders, Philadelphia, pp. 35-90.

Cunha, G., P. Cooke, e T. Kurita. 2004. Papel das interações estromal-epiteliais nas respostas hormonais. Arch. Histol. Cytol. 67:417-434. doi:10.1679/aohc.67.417

Gimeno, M., A. Fuentes, A. Landa, N. Sterinspeziale, D. Cardinali, e A.Gimeno. 1980b. Inibidor da libertação de prostaglandinas pela melatonina. Ata Physiol. Latino americana. 30:38-39. doi: 10.1016/0014-2999(80)90098-9

Jerome A., N. Srivastava. 2012. Prostaglandins vis-à-vis a mortalidade embrionária bovina: uma revisão. AsianPacific J. Reprod. 1(3): 238-246. doi: 10.1016/S2305-0500(13)60085-8

Mann GE. Função do corpo lúteo e morte embrionária precoce no bovino. In: XXII Congresso Mundial de Buiatria, vol 18-23; 2002 agosto. pp. 300-306.

Plante, C., P. Hansen, S. Martinod, B. Siegenthaler, W. Thatcher, J. Pollard, e M. Leslie. 1989. Effect of intrauterine and intramuscular administration of recombinant bovine interferon-alpha 1 on luteal lifespan in cattle. J. Dairy Sci. 72:1859-1865. doi:10.3168/jds.s0022-0302(89)79304-8

Spencer, T., e F. Bazer. 1996. O interferão tau ovino suprime a transcrição dos genes do recetor de estrogénio e do recetor de oxitocina no endométrio ovino. Endocrinology 137:1144-7. doi: 10.1210/endo.137.3.8603586

Helmer SD, Hansen PJ, Thatcher WW, Johnson JW, Bazer FW. 1989. Intrauterine infusion of highly enriched bovine trophoblast protein-1 complex exerce um efeito antiluteolítico para prolongar o tempo de vida do corpo lúteo em bovinos cíclicos. J. Reprod. Fertil. 87:89-101. doi:10.1530/jrf.0.0870089

Ishwar, A., e M. Memon. 1996. Transferência de embriões em ovinos e caprinos: uma revisão. Small Rumin. Res. 19: 35-43. doi:10.1016/0921-4488(95)00735-0

yes
I want morebooks!

Buy your books fast and straightforward online - at one of world's fastest growing online book stores! Environmentally sound due to Print-on-Demand technologies.

Buy your books online at
www.morebooks.shop

Compre os seus livros mais rápido e diretamente na internet, em uma das livrarias on-line com o maior crescimento no mundo! Produção que protege o meio ambiente através das tecnologias de impressão sob demanda.

Compre os seus livros on-line em
www.morebooks.shop

Printed by Books on Demand GmbH, Norderstedt / Germany